ROUSHI
KONGLONG
TUJIAN

食龙鉴

肉恐图

童心 编著

化学工业出版社
·北京·

图书在版编目（CIP）数据

肉食恐龙图鉴 / 童心编著. -- 北京：化学工业出
版社，2025.5. -- ISBN 978-7-122-47768-2

I. Q915.864-64

中国国家版本馆CIP数据核字第2025VL7088号

责任编辑：史　懿　　　　　装帧设计：史利平　宁静静

责任校对：王　静　　　　　排版设计：溢思视觉设计

出版发行：化学工业出版社
　　　　　（北京市东城区青年湖南街13号　邮政编码100011）
印　　装：河北尚唐印刷包装有限公司
889mm×1194mm　1/24　印张6
2025年6月北京第1版第1次印刷

购书咨询：010-64518888　　　售后服务：010-64518899
网　　址：http://www.cip.com.cn
凡购买本书，如有缺损质量问题，本社销售中心负责调换。

定　　价：68.00元　　　　　　

开启恐龙时代的探索之旅
120种肉食恐龙生存状态
趣味知识全解析

前言

在这个神奇的世界上，曾经生活着一种强大又神秘的生物——恐龙！它们是史前时代的王者，在陆地上称霸了大约1.6亿年。它们是远古地球生命的奇迹，以惊人的智慧和强壮的身体在各自的领地中驰骋。

恐龙按照食性分为两大类：肉食恐龙、植食恐龙。这本《肉食恐龙图鉴》详尽列出了27科（类）共120种肉食恐龙，从高达十几米的庞然大物到只有几十厘米的小型掠食者，每一种都有其独有的特征和魅力。

本书画面精美，文字简洁，并附以音频介绍恐龙小知识。书中的图画全部采用写实手法进行绘制，生动展现了各种肉食恐龙的外形特征和栖息环境。每一幅图都让人仿佛置身于遥远的时代，感受到这些史前巨兽的威武与优雅。你看，威猛的霸王龙在捕食猎物，身形奇特的镰刀龙正在炫耀它巨大的指爪。这些恐龙栩栩如生，你仿佛听到它们的吼叫，感受到它们奔跑的气息。

书中简单介绍了肉食恐龙的分类以及它们捕猎用的各种利器。每种恐龙都详尽介绍了其生活的时期、种群分类、体长、体重、食物等信息。这本书不仅是一场视觉上的盛宴，更是引导孩子们了解肉食恐龙的绝佳途径。无论是对恐龙充满好奇的孩子，还是刚刚接触古生物的小朋友，都能从这本图鉴中找到乐趣与知识。让我们携手踏上这段神秘的旅程，揭开肉食恐龙的秘密，体验那个充满奇迹的恐龙时代吧！

童心

2025年3月

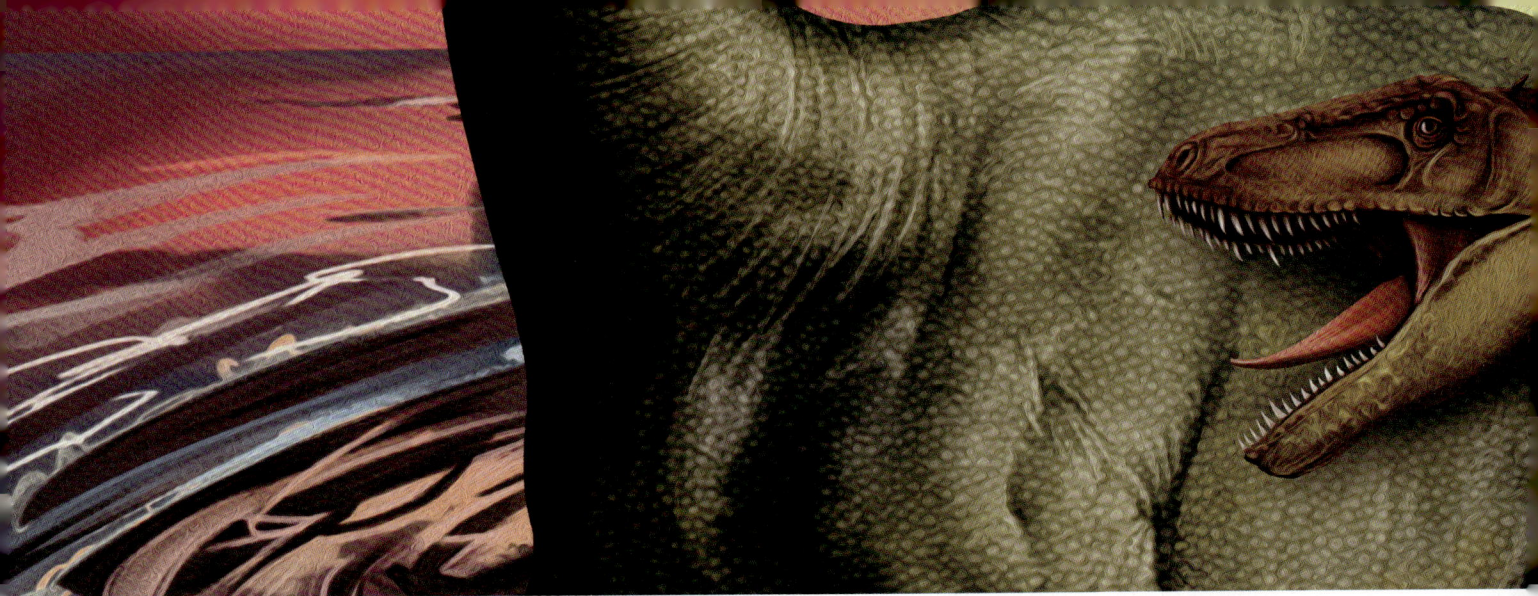

目录

扫码听120种
肉食恐龙小知识

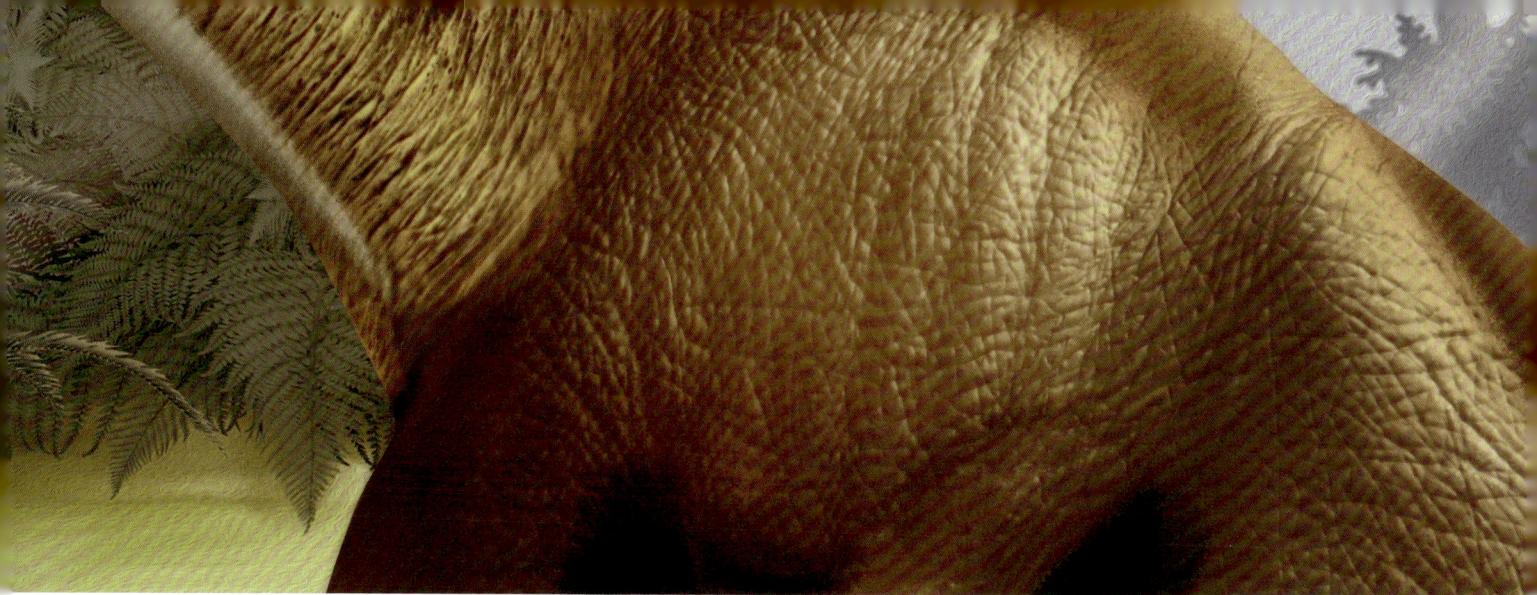

肉食恐龙的那些秘密

扫码听120种
肉食恐龙小知识

霸王龙

嗅觉的灵敏

强大的咬合力

尖利的牙

粗壮的后肢

2

以肉为食的恐龙

　　提到肉食恐龙，很多人的眼前都会浮现出这样的画面：一只体形巨大、面目狰狞的怪兽，迈开粗壮的腿，踏着轰隆隆的步伐，追赶它前面仓皇逃窜的猎物……当然，猎物的结局并不美好，它们成了怪兽的美餐。的确，肉食恐龙大多很残暴，不过除了这点外，它们还有更多的秘密等待我们去揭开、探索。接下来，让我们简单认识一下肉食恐龙。

良好的视力

锋利的爪

　　肉食恐龙的外表往往很凶恶。它们的前肢有锋利的爪子，后肢粗壮有力。一张血盆大口里，长着弯曲、尖利的牙齿。这些牙齿就像切牛排的刀具一样锋利，边缘大多长有小锯齿。这能帮助它们把猎物的肉撕成小块。

肉食恐龙的分类

恐龙是一个庞大的家族，有着各种不同的成员。人们为了便于认识这些史前的大家伙，将它们进行了科学而又细致的分类。这样，人们如果再发现恐龙化石，就可以根据它们的特点，来确定它们的类别。

古生物学家对恐龙进行分类的依据，是它们腰带（骨盆）构造的差别。他们将恐龙分成了两大类，即蜥臀目和鸟臀目。蜥臀目恐龙的腰带结构和现代蜥蜴的结构类似；鸟臀目恐龙的腰带结构则与鸟类的结构相似。当然，这种相似仅仅表现在形态上，而非亲缘关系。

蜥臀目还可以分为古脚亚目、兽脚亚目和蜥脚亚目。兽脚亚目就是我们所熟悉的兽脚类恐龙，它们大多数是肉食恐龙。

兽脚亚目再往下分就是我们熟悉的暴龙科、美颌龙科、驰龙科……右侧的图能较清晰地帮助我们理解肉食恐龙的分类。

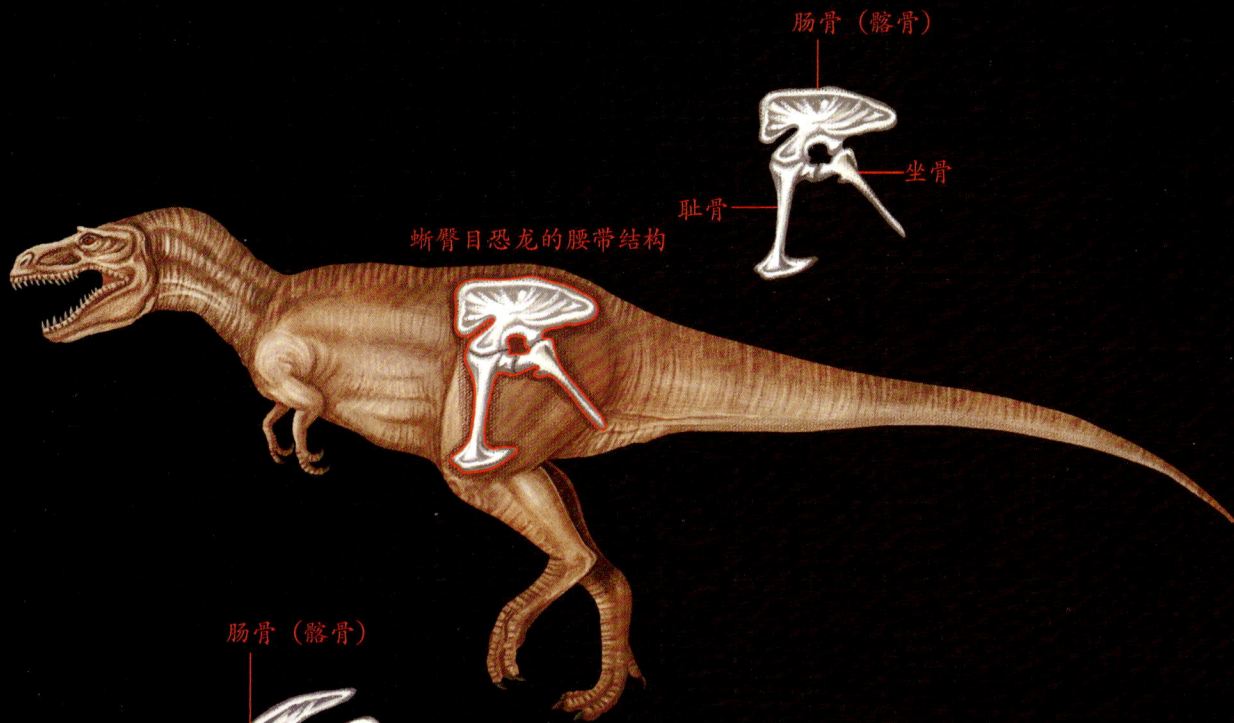

肠骨（髂骨）

坐骨

耻骨

蜥臀目恐龙的腰带结构

肠骨（髂骨）

耻骨

坐骨

鸟臀目恐龙的腰带结构

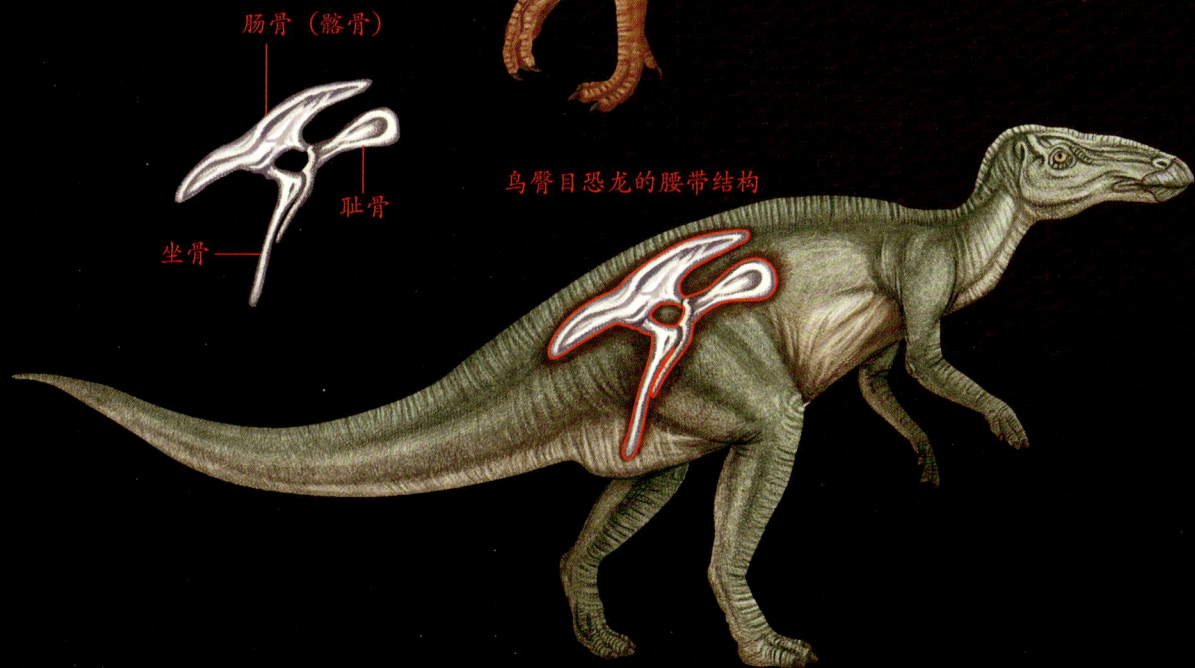

肉食恐龙的利器

巨大的头部

　　如果仔细对比一下肉食恐龙和植食恐龙的外观，我们就会惊奇地发现，相较于它们的身体比例，肉食恐龙的脑袋都很大，这是怎么回事呢？

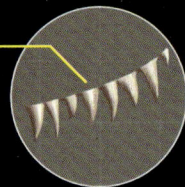

霸王龙牙齿

肉食恐龙牙齿

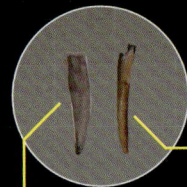

粗壮的牙齿

薄片状锋利的牙齿

惧龙　　霸王龙

惧龙牙齿侧面

惧龙牙齿正面

霸王龙头骨

异特龙头骨

角鼻龙头骨

锋利的牙齿狠狠地咬住猎物

肉食恐龙捕食的猎物有大有小，面对体形较大的猎物，一张小嘴是不够的。多亏天生一张大嘴，以及锋利的牙齿，它们才能撕碎猎物的肉，然后吃掉。在危机四伏的荒野，它们吃得越快就意味着越安全。

当然，肉食恐龙巨大的头部也意味着有强大的咬合力。这让它们能将猎物一击致命，不会浪费太多的体力。

锋利的牙齿

古人云："工欲善其事，必先利其器。"对于肉食恐龙而言，一口锋利的牙齿就是它们强大的武器。肉食恐龙的牙齿一般呈匕首状，且大都向后弯曲。这种特殊的牙齿形状，赋予了肉食恐龙强大的力量。它们不仅能刺穿植食恐龙的皮肤，还能紧紧咬住猎物的肉体，任凭对方怎样挣扎，也无法逃脱。

科学家发现，大多数肉食恐龙的牙齿数量都不少，而且它们终生都会换牙。这就意味着，一旦某些牙齿脱落，新的牙齿还会长出来替补。

伶盗龙

霸王龙

鲨齿龙

异特龙

伤齿龙

7

尖锐的爪子

除了牙齿，爪子也是肉食恐龙用来捕杀猎物的工具。它们的爪子锋利，看起来和现代老鹰的爪子有些像。这样的爪子不仅能抓住猎物，还可以刺破猎物的皮肉，将对方牢牢控制住。

除了猎杀猎物以外，肉食恐龙后肢的趾爪还能防滑。因为肉食恐龙奔跑速度较快，弯曲的爪子可以让它们牢牢地抓紧地面，不至于在拐弯处或快速奔跑时摔跤。

强壮的后肢

对肉食恐龙来说，奔跑的速度越快，越能增加成功捕猎的概率。因此，它们都长着一对粗壮的后肢，很适合快速奔跑。有的肉食恐龙由于后肢肌肉强壮，能像弹簧一样把自己弹射起来，所以在捕猎时，它们经常跳到猎物背上。

驰龙科恐龙特有的巨大趾爪

趾爪弯曲变化

恐龙、人与鸟的腿骨对比

牢牢地抓住猎物

向上翘起的第二趾爪

伶盗龙大战原角龙化石图

其他肉食恐龙

似鸵龙

短跑之王

阿贝力龙科

- 生活时期：白垩纪晚期
- 体　长：7~9米
- 食　物：肉类
- 种　群：兽脚类
- 体　重：约1吨
- 化石产地：阿根廷

阿贝力龙
Abelisaurus

扫码听120种
肉食恐龙小知识

■ 生活时期：白垩纪晚期　　■ 种　群：兽脚类
■ 体　长：6～10米　　　　■ 体　重：1.2～2吨
■ 食　物：肉类　　　　　　■ 化石产地：马达加斯加

贝力龙科

玛君龙
Majungasaurus

11

食肉牛龙
Carnotaurus

- 生活时期：白垩纪晚期
- 种　　群：兽脚类
- 体　　长：约 8 米
- 体　　重：约 2.5 吨
- 食　　物：肉类
- 化石产地：阿根廷

爆诞龙

Ekrixinatosavrvs

- **生活时期**：白垩纪早期
- **种　　群**：兽脚类
- **体　　长**：7～8米
- **体　　重**：约4吨
- **食　　物**：肉类、腐食
- **化石产地**：阿根廷

- **生活时期**：白垩纪晚期
- **体　　长**：4～6米
- **食　　物**：肉类、腐食
- **种　　群**：兽脚类
- **体　　重**：400～750千克
- **化石产地**：非洲

皱褶龙
Rugops

■ 生活时期：白垩纪晚期　　■ 种　群：兽脚类
■ 体　长：5～6米　　　　■ 体　重：约0.7吨
■ 食　物：肉类　　　　　　■ 化石产地：阿根廷

奥卡龙
Aucasaurus

隐面龙
Kryptops

- 生活时期：白垩纪早期
- 种　　群：兽脚类
- 体　　长：6～7米
- 体　　重：不详
- 食　　物：肉类
- 化石产地：尼日尔

蝎猎龙
Skorpiovenator

- 生活时期：白垩纪晚期
- 种　　群：兽脚类
- 体　　长：6~7米
- 体　　重：约1.8吨
- 食　　物：肉类
- 化石产地：阿根廷

- 生活时期：白垩纪晚期
- 体　长：7～9米
- 食　物：肉类
- 种　群：兽脚类
- 体　重：2～4吨
- 化石产地：印度

胜王龙
Rajasaurus

恶龙
Masiakasaurus

- 生活时期：白垩纪晚期
- 体　　长：约2米
- 食　　物：鱼类、小型哺乳动物
- 种　　群：兽脚类
- 体　　重：不详
- 化石产地：马达加斯加

19

阿瓦拉慈龙科

阿瓦拉慈龙
Alvarezsaurus

- 生活时期：白垩纪晚期
- 体　　长：1～2米
- 食　　物：昆虫、小型爬行动物
- 种　　群：兽脚类
- 体　　重：3～20千克
- 化石产地：阿根廷

亚伯达爪龙

Albertonykus

- 生活时期：白垩纪晚期
- 体　　长：约70厘米
- 食　　物：昆虫等
- 种　　群：兽脚类
- 体　　重：约5千克
- 化石产地：北美洲

21

单爪龙
Mononykus

- 生活时期：白垩纪晚期
- 种　　群：兽脚类
- 体　　长：约1米
- 体　　重：不详
- 食　　物：昆虫、蜥蜴等
- 化石产地：蒙古国

22

鸟面龙
Ornithopsis

- 生活时期：白垩纪晚期
- 种　　群：兽脚类
- 体　　长：约60厘米
- 体　　重：不详
- 食　　物：昆虫
- 化石产地：蒙古国

- 生活时期：白垩纪晚期
- 体　长：30～40厘米
- 食　物：昆虫
- 种　群：兽脚类
- 体　重：不详
- 化石产地：蒙古国

小驰龙
Parvicursor

- **生活时期**：白垩纪早期
- **体　长**：约2米
- **食　物**：肉类
- **种　群**：兽脚类
- **体　重**：不详
- **化石产地**：蒙古国

似鸟身女妖龙
Harpymimus

25

似鹈鹕龙
Pelecanimimus

- 生活时期：白垩纪早期
- 种　　群：兽脚类
- 体　　长：2 ~ 2.5 米
- 体　　重：约 50 千克
- 食　　物：鱼类
- 化石产地：西班牙

26

古似鸟龙
Archaeornithomimus

- 生活时期：白垩纪晚期
- 种　群：兽脚类
- 体　长：约3米
- 体　重：约50千克
- 食　物：昆虫、小型哺乳动物、植物果实
- 化石产地：中国

似鸸鹋龙
Dromiceiomimus

- 生活时期：白垩纪晚期
- 种　群：兽脚类
- 体　长：约 3.5 米
- 体　重：100 ~ 150 千克
- 食　物：昆虫、小型哺乳动物及植物
- 化石产地：北美洲

似鸵龙
Struthiomimus

- 生活时期：白垩纪晚期
- 种　　群：兽脚类
- 体　　长：约3.5米
- 体　　重：100～150千克
- 食　　物：昆虫、鱼虾或植物
- 化石产地：北美洲

似鹅龙
Anserimimus

- 生活时期：白垩纪晚期
- 种　　群：兽脚类
- 体　　长：约3.5米
- 体　　重：100～150千克
- 食　　物：昆虫、蛋或植物
- 化石产地：蒙古国

似鸟龙
Ornithomimus

- 生活时期：白垩纪晚期
- 种　　群：兽脚类
- 体　　长：约 3.8 米
- 体　　重：约 170 千克
- 食　　物：昆虫、果子
- 化石产地：北美洲

似鸡龙
Gallimimus

- 生活时期：白垩纪晚期
- 种　群：兽脚类
- 体　长：4～6米
- 体　重：约400千克
- 食　物：蛋、昆虫、植物
- 化石产地：蒙古国

33

34

■ 生活时期：白垩纪晚期
■ 体　长：约5米
■ 食　物：鱼类
■ 种　群：兽脚类
■ 体　重：约368千克
■ 化石产地：阿根廷

龙科
CHILONGKE

南方盗龙
Austroraptor

35

小盗龙
Microraptor

- 生活时期：白垩纪早期
- 种　　群：兽脚类
- 体　　长：55 ~ 77 厘米
- 体　　重：约 1 千克
- 食　　物：鱼类、小型动物
- 化石产地：中国

纤细盗龙
Graciliraptor

- 生活时期：白垩纪早期
- 种　　群：兽脚类
- 体　　长：0.9 ~ 1.5 米
- 体　　重：约 1.5 千克
- 食　　物：肉类
- 化石产地：中国

羽龙
Cryptovolans

- 生活时期：白垩纪早期
- 种　　群：兽脚类
- 体　　长：77～90厘米
- 体　　重：约1千克
- 食　　物：小型动物
- 化石产地：中国

恐爪龙
Deinonychus

- 生活时期：白垩纪早期
- 种　　群：兽脚类
- 体　　长：3～4米
- 体　　重：约100千克
- 食　　物：肉类
- 化石产地：美国

- 生活时期：白垩纪晚期
- 体　长：约2.6米
- 食　物：小型动物
- 种　群：兽脚类
- 体　重：约30千克
- 化石产地：中国

栾川盗龙
Luanchuanraptor

- 生活时期：白垩纪晚期
- 体　长：约 1.2 米
- 食　物：肉类
- 种　群：兽脚类
- 体　重：约 1.5 千克
- 化石产地：马达加斯加

胁空鸟龙
Rahonavis

41

鹫龙
Bvitreraptor

- 生活时期：白垩纪晚期
- 种　　群：兽脚类
- 体　　长：约1.5米
- 体　　重：约3千克
- 食　　物：小型哺乳动物
- 化石产地：阿根廷

- 生活时期：白垩纪晚期
- 种　群：兽脚类
- 体　长：约70厘米
- 体　重：约1.9千克
- 食　物：昆虫等
- 化石产地：北美洲

43

天宇盗龙
Tianyvraptor

- 生活时期：白垩纪早期
- 种　群：兽脚类
- 体　长：1.5 ~ 2 米
- 体　重：约 15 千克
- 食　物：肉类
- 化石产地：中国

44

瓦尔盗龙
Variraptor

- 生活时期：白垩纪晚期
- 种　　群：兽脚类
- 体　　长：1.5～1.8米
- 体　　重：约50千克
- 食　　物：小型动物
- 化石产地：法国

45

中国鸟龙
Sinornithosaurus

- 生活时期：白垩纪早期
- 种　　群：兽脚类
- 体　　长：约1.2米
- 体　　重：约3千克
- 食　　物：小型动物
- 化石产地：中国

恶灵龙
Adasaurus

- 生活时期：白垩纪晚期
- 种　群：兽脚类
- 体　长：约1.8米
- 体　重：约70千克
- 食　物：腐肉
- 化石产地：蒙古国

依特米龙
Itemirus

- **生活时期**：白垩纪晚期
- **体　长**：约 4.5 米
- **食　物**：肉类
- **种　群**：兽脚类
- **体　重**：约 10 千克
- **化石产地**：乌兹别克斯坦

伶盗龙
Velociraptor

- 生活时期：白垩纪晚期
- 体　长：约 2 米
- 食　物：蜥蜴、哺乳动物、小型恐龙
- 种　群：兽脚类
- 体　重：约 15 千克
- 化石产地：蒙古国、中国

驰龙

Dromaeosavrvs

- 生活时期：白垩纪晚期
- 体　长：1~2米
- 食　物：其他恐龙
- 种　群：兽脚类
- 体　重：约15千克
- 化石产地：加拿大、美国、中国

犹他盗龙
Utahraptor

- 生活时期：白垩纪早期
- 种　群：兽脚类
- 体　长：5～7米
- 体　重：500～700千克
- 食　物：其他恐龙
- 化石产地：美国

51

■ 生活时期：白垩纪晚期   ■ 种   群：兽脚类
■ 体   长：约 1.8 米   ■ 体   重：约 10 千克
■ 食   物：小型动物   ■ 化石产地：北美洲

蜥鸟盗龙

Savrornitholestes

野蛮盗龙
Atrociraptor

- 生活时期：白垩纪晚期
- 体　长：约1.5米
- 食　物：肉类
- 种　群：兽脚类
- 体　重：约15千克
- 化石产地：加拿大

内乌肯盗龙
Neuqvenraptor

- 生活时期：白垩纪晚期
- 体　长：2 ~ 2.5 米
- 食　物：肉类
- 种　群：兽脚类
- 体　重：约 50 千克
- 化石产地：阿根廷

- 生活时期：白垩纪晚期
- 体　长：4～6米
- 食　物：其他恐龙
- 种　群：兽脚类
- 体　重：300～350千克
- 化石产地：蒙古国

55

棘龙科

重爪龙

Baryonyx

- 生活时期：白垩纪早期
- 体　长：7～9米
- 食　物：鱼类、腐肉等
- 种　群：兽脚类
- 体　重：2～4吨
- 化石产地：英国、西班牙、葡萄牙

56

鱼猎龙
Ichthyovenator

- 生活时期：白垩纪早期
- 体　长：约8.5米
- 食　物：鱼类、其他恐龙
- 种　群：兽脚类
- 体　重：约2吨
- 化石产地：亚洲

57

激龙
Irritator

- 生活时期：白垩纪早期
- 种　　群：兽脚类
- 体　　长：6～8米
- 体　　重：约2吨
- 食　　物：鱼类、腐肉
- 化石产地：巴西

58

棘龙
Spinosaurus

- 生活时期：白垩纪早期
- 种　　群：兽脚类
- 体　　长：12～18米
- 体　　重：7～20吨
- 食　　物：鱼类、肉类
- 化石产地：非洲

似鳄龙
Suchomimus

- 生活时期：白垩纪早期
- 种　　群：兽脚类
- 体　　长：9～11米
- 体　　重：约7吨
- 食　　物：鱼类、可能还有其他肉类
- 化石产地：非洲

- 生活时期：白垩纪中期
- 体　　长：12～14米
- 食　　物：其他恐龙、鱼类、腐肉
- 种　　群：兽脚类
- 体　　重：3～7吨
- 化石产地：巴西

奥沙拉龙
Oxalaia quilombensis

61

暴龙科

- **生活时期:** 白垩纪早期
- **体 长:** 4~6米
- **食 物:** 其他恐龙
- **种 群:** 兽脚类
- **体 重:** 约2吨
- **化石产地:** 英国

始暴龙
Eotyrannus

62

生活时期：白垩纪晚期　　种　群：兽脚类

体　长：5～7米　　体　重：约1吨

食　物：肉类　　化石产地：北美洲

矮暴龙

Nanotyrannvs

63

- 生活时期：白垩纪晚期
- 体　长：8~9米
- 食　物：其他恐龙、腐肉
- 种　群：兽脚类
- 体　重：约2.8吨
- 化石产地：加拿大、美国

蛇发女怪龙
Gorgosaurus

■ 生活时期：白垩纪早期　　■ 种　群：兽脚类
■ 体　长：7.5～9米　　■ 体　重：1.1～1.4吨
■ 食　物：肉类　　■ 化石产地：中国

华丽羽王龙
Yutyrannus huali

- 生活时期：白垩纪晚期
- 体　长：约 7.5 米
- 食　物：肉类
- 种　群：兽脚类
- 体　重：约 1.5 吨
- 化石产地：美国

伤龙
Dryptosaurus

66

- 生活时期：白垩纪晚期
- 体　长：约9米
- 食　物：其他恐龙
- 种　群：兽脚类
- 体　重：2～3吨
- 化石产地：加拿大

艾伯塔龙
Albertosaurus

生活时期：白垩纪晚期　种　群：兽脚类
体　长：10～12米　体　重：4～5吨
食　物：其他恐龙　化石产地：亚洲

特暴龙
Tarbosaurus

- 生活时期：白垩纪晚期
- 体　长：11 ~ 14 米
- 食　物：其他恐龙
- 种　群：兽脚类
- 体　重：6 ~ 7 吨
- 化石产地：加拿大、美国、墨西哥

霸王龙
Tyrannosaurus

独龙
Alectrosaurus

- 生活时期：白垩纪晚期
- 种　　群：兽脚类
- 体　　长：约5米
- 体　　重：0.5 ~ 1吨
- 食　　物：肉类
- 化石产地：蒙古国

惧龙

Daspletosaurus

- 生活时期：白垩纪晚期
- 种　群：兽脚类
- 体　长：8~9米
- 体　重：2~7吨
- 食　物：其他恐龙
- 化石产地：北美洲

鲨齿龙科

鲨齿龙科 SHACHILONGKE

魁纣龙
Tyrannotitan

- 生活时期：白垩纪中期
- 种　　群：兽脚类
- 体　　长：12 ~ 14 米
- 体　　重：7.5 ~ 9.3 吨
- 食　　物：其他恐龙
- 化石产地：阿根廷

高棘龙
Acrocanthosaurus

- **生活时期：** 白垩纪早期
- **种　群：** 兽脚类
- **体　长：** 约11.5米
- **体　重：** 5～7吨
- **食　物：** 植食恐龙
- **化石产地：** 北美洲

- 生活时期：白垩纪晚期
- 体　长：12～13 米
- 食　物：其他恐龙
- 种　群：兽脚类
- 体　重：8～10 吨
- 化石产地：非洲

鲨齿龙
Carcharodontosaurus

生活时期：白垩纪早期　　种　群：兽脚类
体　长：约6米　　　　体　重：约800千克
食　物：肉类龙　　　　化石产地：欧洲

昆卡猎龙
Concavenator

75

■ 生活时期：白垩纪早期　　■ 种　群：兽脚类

■ 体　长：6～8米　　　　■ 体　重：约2吨

■ 食　物：其他恐龙　　　■ 化石产地：非洲

鲨齿龙科　SHACHILONGKE

始鲨齿龙
Eocarcharia

77

- 生活时期：白垩纪中晚期
- 体　长：12～14米
- 食　物：肉类
- 种　群：兽脚类
- 体　重：8.5～11.5吨
- 化石产地：阿根廷

南方巨兽龙
Giganotosaurus

78

- 生活时期：白垩纪中晚期
- 体　长：约10米
- 食　物：其他恐龙
- 种　群：兽脚类
- 体　重：3～6.8 吨
- 化石产地：阿根廷

異特龙科

- 生活时期：侏罗纪晚期
- 体　长：8～12米
- 食　物：肉类、腐肉
- 种　群：兽脚类
- 体　重：2～5吨
- 化石产地：美国、澳大利亚

80

- 生活时期：白垩纪中期
- 体　长：约 6 米
- 食　物：其他恐龙
- 种　群：兽脚类
- 体　重：500 ~ 1000 千克
- 化石产地：澳大利亚

南方猎龙
Avstralovenator

81

食蜥王龙
Savrophaganax

- 生活时期：侏罗纪晚期
- 种　　群：兽脚类
- 体　　长：10 ～ 13 米
- 体　　重：3 ～ 8 吨
- 食　　物：肉类
- 化石产地：北美洲、欧洲

依潘龙
Epanterias

- **生活时期：** 侏罗纪晚期
- **种　群：** 兽脚类
- **体　长：** 约 12 米
- **体　重：** 约 7 吨
- **食　物：** 肉类
- **化石产地：** 北美洲

四川龙
Szechuanosaurus

- 生活时期：侏罗纪晚期
- 体　长：约 8 米
- 食　物：小型植食恐龙
- 种　群：兽脚类
- 体　重：500 ~ 1000 千克
- 化石产地：中国

中华盗龙

Sinraptor

- 生活时期：侏罗纪晚期
- 种　　群：兽脚类
- 体　　长：7.6 ～ 9 米
- 体　　重：1.8 ～ 3.5 吨
- 食　　物：植食恐龙
- 化石产地：中国

永川龙
Yangchuanosaurus

- 生活时期：侏罗纪晚期
- 种　　群：兽脚类
- 体　　长：7 ~ 11 米
- 体　　重：约 4 吨
- 食　　物：植食恐龙
- 化石产地：中国

斑龙科

- **生活时期**：侏罗纪中期
- **种　群**：兽脚类
- **体　长**：约9米
- **体　重**：约1吨
- **食　物**：植食恐龙
- **化石产地**：欧洲

斑龙
Megalosaurus

生活时期：侏罗纪中期　　　种　群：兽脚类

体　长：4～6米　　　体　重：约500千克

食　物：小型恐龙、鱼类、海洋爬行类动物　　　化石产地：欧洲

斑龙科
BANLONGKE

美扭椎龙
Eustreptospondylus

非洲猎龙
Afrovenator

- 生活时期：侏罗纪中期
- 种　　群：兽脚类
- 体　　长：8 ~ 9米
- 体　　重：约2吨
- 食　　物：其他恐龙
- 化石产地：非洲

气龙
Gasosavrvs

- 生活时期：侏罗纪中期
- 种　　群：兽脚类
- 体　　长：3.5 ~ 4 米
- 体　　重：150 ~ 400 千克
- 食　　物：肉类
- 化石产地：中国

- 生活时期：侏罗纪中期
- 体　长：5～6米
- 食　物：鱼类、小型恐龙、腐肉

- 种　群：兽脚类
- 体　重：450～700千克
- 化石产地：中国

斑龙科

单脊龙
Monolophosaurus

■ 生活时期：侏罗纪晚期　　■ 种　群：兽脚类
■ 体　长：9～15米　　　　■ 体　重：4～12吨
■ 食　物：肉类　　　　　　■ 化石产地：美国、南非、坦桑尼亚

蛮龙
Torvosaurus

美颌龙
Compsognathus

- 生活时期：侏罗纪晚期
- 种　群：兽脚类
- 体　长：约1米
- 体　重：约3.5千克
- 食　物：早期原始哺乳动物、昆虫
- 化石产地：德国、法国

侏罗猎龙
Juravenator

- 生活时期：侏罗纪晚期
- 种　群：兽脚类
- 体　长：约70厘米
- 体　重：不详
- 食　物：小型动物
- 化石产地：德国

中华丽羽龙
Sinocalliopteryx

- 生活时期：白垩纪早期
- 体　长：约2.4米
- 食　物：小型恐龙
- 种　群：兽脚类
- 体　重：不详
- 化石产地：中国

中华龙鸟
Sinosauropteryx

- 生活时期：白垩纪早期
- 体　长：约1米
- 食　物：昆虫、蜥蜴等
- 种　群：兽脚类
- 体　重：不详
- 化石产地：中国

棒爪龙
Scipionyx

- 生活时期：白垩纪早期
- 种　群：兽脚类
- 体　长：2～3米
- 体　重：约60千克
- 食　物：肉类
- 化石产地：欧洲

钦迪龙
Chindesaurus

- 生活时期：三叠纪晚期
- 种　　群：兽脚类
- 体　　长：2 ~ 3 米
- 体　　重：30 ~ 50 千克
- 食　　物：肉类
- 化石产地：美国

埃雷拉龙
Herrerasaurus

- 生活时期：三叠纪晚期
- 体　长：3～5米
- 食　物：小型爬行动物
- 种　群：兽脚类
- 体　重：180～350千克
- 化石产地：阿根廷

伤齿龙科

寐龙
Mei long

- 生活时期：白垩纪早期
- 体　长：0.53～1米
- 食　物：蜥蜴、小型哺乳动物
- 种　群：兽脚类
- 体　重：约2千克
- 化石产地：中国

伤齿龙
Troodon

- 生活时期：白垩纪晚期
- 体　长：约2米
- 食　物：腐肉、小型哺乳动物
- 种　群：兽脚类
- 体　重：约50千
- 化石产地：加拿大、美国、中国

拜伦龙
Byronosaurus

- 生活时期：白垩纪晚期
- 体　长：约 1.5 米
- 食　物：小型动物、昆虫
- 种　群：兽脚类
- 体　重：约 4 千克
- 化石产地：蒙古国

蜥鸟龙
Savrornithoides

- 生活时期：白垩纪晚期
- 种　群：兽脚类
- 体　长：2～3.5米
- 体　重：20～55千克
- 食　物：蜥蜴、小型哺乳动物等
- 化石产地：亚洲

中国猎龙
Sinovenator

- 生活时期：白垩纪早期
- 种　　群：兽脚类
- 体　　长：约1米
- 体　　重：2.5～5千克
- 食　　物：小型动物
- 化石产地：中国

铸镰龙

Falcarius

- 生活时期：白垩纪早期
- 种　　群：兽脚类
- 体　　长：3.7～4米
- 体　　重：约100千克
- 食　　物：肉类、植物等
- 化石产地：美国

阿拉善龙
Alxasaurus

- 生活时期：白垩纪早期
- 种　　群：兽脚类
- 体　　长：约 4 米
- 体　　重：约 400 千克
- 食　　物：树叶、肉类等
- 化石产地：中国

北票龙
Beipiaosaurus

- 生活时期：白垩纪早期
- 体　长：约2米
- 食　物：肉类等
- 种　群：兽脚类
- 体　重：不详
- 化石产地：中国

108

镰刀龙

Therizinosaurus

- 生活时期：白垩纪晚期
- 体　　长：8～11米
- 食　　物：肉类、植物等
- 种　　群：兽脚类
- 体　　重：5～7吨
- 化石产地：蒙古国

懒爪龙
Nothronychus

- 生活时期：白垩纪晚期
- 种　群：兽脚类
- 体　长：4.5～6米
- 体　重：约1吨
- 食　物：肉类、植物等
- 化石产地：北美洲

腔骨龙超科

腔骨龙
Coelophysis

- 生活时期：三叠纪晚期
- 种　　群：兽脚类
- 体　　长：约 3 米
- 体　　重：约 20 千克
- 食　　物：肉类
- 化石产地：美国

理理恩龙

Liliensternus

- 生活时期：三叠纪晚期
- 体　长：2～5米
- 食　物：肉类
- 种　群：兽脚类
- 体　重：100～130千克
- 化石产地：欧洲

哥斯拉龙
Gojirasavrus

- 生活时期：三叠纪晚期
- 体　　长：约5.5米
- 食　　物：肉类
- 种　　群：兽脚类
- 体　　重：150～200千克
- 化石产地：北美洲

113

■ 生活时期：侏罗纪早期　　■ 种　群：兽脚类

■ 体　长：约7米　　　　　■ 体　重：约400千克

■ 食　物：其他恐龙、鱼类　■ 化石产地：美国

双嵴龙
Dilophosaurus

114

■ 生活时期：侏罗纪早期　　■ 种　群：兽脚类
■ 体　长：约6.5米　　　　■ 体　重：约465千克
■ 食　物：肉类　　　　　　■ 化石产地：南极洲

冰脊龙
Cryolophosaurus

115

西北阿根廷龙科

- 生活时期：侏罗纪晚期
- 体　　长：约 6 米
- 食　　物：小型动物
- 种　　群：兽脚类
- 体　　重：约 210 千克
- 化石产地：非洲

116

尾羽龙
Caudipteryx

- 生活时期：白垩纪早期
- 体　长：约1米
- 食　物：小型哺乳动物、植物等
- 种　群：兽脚类
- 体　重：不详
- 化石产地：中国

117

窃蛋龙科

- 生活时期：白垩纪早期
- 体　长：1.3～2.5米
- 食　物：昆虫、植物等
- 种　群：兽脚类
- 体　重：不详
- 化石产地：中国

切齿龙
Incisivosaurus

生活时期：白垩纪晚期

体　长：2～3米

食　物：软体动物、植物、果实等

种　群：兽脚类

体　重：30～35千克

化石产地：亚洲

窃蛋龙
Oviraptor

巨盗龙
Gigantoraptor

- 生活时期：白垩纪晚期
- 体　长：8.5～11米
- 食　物：原始哺乳动物、植物等
- 种　群：兽脚类
- 体　重：1.4～4吨
- 化石产地：中国

斑比盗龙
Bambiraptor

- 生活时期：白垩纪晚期
- 体　长：约 1 米
- 食　物：蜥蜴、原始哺乳动物等
- 种　群：兽脚类
- 体　重：约 3 千克
- 化石产地：美国

近颌龙科

- **生活时期**：白垩纪晚期
- **体　长**：约 2 米
- **食　物**：蜥蜴、原始哺乳动物、果实、昆虫等
- **种　群**：兽脚类
- **体　重**：约 50 千克
- **化石产地**：加拿大

纤手龙
Chirostenotes

122

拟鸟龙科

- 生活时期：白垩纪晚期
- 体　　长：1～1.5米
- 食　　物：昆虫、植物等
- 种　　群：兽脚类
- 体　　重：约15千克
- 化石产地：蒙古国

拟鸟龙
Avimimus

123

虚骨龙科

■ 生活时期：侏罗纪晚期	■ 种　群：兽脚类
■ 体　长：约2.4米	■ 体　重：约20千克
■ 食　物：昆虫、小型哺乳动物、蜥蜴	■ 化石产地：北美洲、亚洲

虚骨龙
Coelurus

■ 生活时期：侏罗纪晚期
■ 体　长：约 2 米
■ 食　物：小型哺乳动物、腐肉
■ 种　群：兽脚类
■ 体　重：12 ~ 15 千克
■ 化石产地：美国

嗜鸟龙
Ornitholestes

125

始祖鸟科

始祖鸟
Archaeopteryx

- 生活时期：侏罗纪晚期
- 体　长：0.5 ～ 1.2 米
- 食　物：昆虫、小型爬行动物
- 种　群：兽脚类
- 体　重：311 ～ 1000 克
- 化石产地：德国

南十字龙
Stavrikosavrus

- 生活时期：三叠纪晚期
- 体　长：约2米
- 食　物：肉类
- 种　群：兽脚类
- 体　重：20～40千克
- 化石产地：巴西

127

擅攀鸟龙
Scansoriopteryx

- 生活时期：侏罗纪中晚期
- 体　　长：约10厘米
- 食　　物：昆虫等
- 种　　群：兽脚类
- 体　　重：不详
- 化石产地：中国

耀龙
Epidexipteryx

- 生活时期：侏罗纪中晚期
- 体　长：约40厘米
- 食　物：昆虫等
- 种　群：兽脚类
- 体　重：不详
- 化石产地：中国

129

角鼻龙科

角鼻龙
Ceratosaurus

- 生活时期：侏罗纪晚期
- 种　　群：兽脚类
- 体　　长：约6米
- 体　　重：约1吨
- 食　　物：肉类
- 化石产地：美国、坦桑尼亚

瓜巴龙科

瓜巴龙
Guaibasaurus

- 生活时期：三叠纪晚期
- 种　　群：兽脚类
- 体　　长：约 2 米
- 体　　重：不详
- 食　　物：肉类
- 化石产地：巴西

始盗龙
Eoraptor

- 生活时期：三叠纪晚期
- 种　　群：兽脚类
- 体　　长：约1米
- 体　　重：5～11千克
- 食　　物：肉类、植物等
- 化石产地：阿根廷

扫码听120种
肉食恐龙小知识

132